Unabhängigkeit der Richter, Gleichheit vor dem Gesetz und Gewährleistung des Privateigentums nach der Weimarer Verfassung

Ein Rechtsgutachten zu den Gesetzentwürfen über die Vermögensauseinandersetzung mit den früher regierenden Fürstenhäusern

von

Prof. Dr. CARL SCHMITT
Bonn a. Rh.

Berlin und Leipzig 1926

WALTER DE GRUYTER & CO.

vormals G. J. Göschen'sche Verlagshandlung / J. Guttentag, Verlagsbuchhandlung / Georg Reimer / Karl J. Trübner / Veit & Comp.

Vorwort.

Das nachfolgende Gutachten beurteilt, auf Grund des positiven Inhalts der Weimarer Verfassung, die Gesetzentwürfe folgender Anträge (Reichstag, III. Wahlperiode):

I. Nr. 1660 (Antrag Neubauer und Genossen; kommunistischer Antrag);

II. Nr. 1527 (Antrag Koch-Weser und Genossen über die vermögensrechtliche Auseinandersetzung mit den früher regierenden Fürstenhäusern; demokratischer Antrag).

Der kommunistische Antrag enthält als einzigen Artikel seines Gesetzentwurfes:

> Alle Rechtsstreitigkeiten, die bei deutschen Gerichten über die Auseinandersetzung mit den ehemals regierenden Fürstenhäusern anhängig sind, werden bis zum Inkrafttreten einer reichsgesetzlichen Regelung (Gesetz oder Volksentscheid) ausgesetzt. Neue Verfahren werden nicht eingeleitet.

Der demokratische Antrag enthält, soweit er hier interessiert, folgende Paragraphen:

> § 1. Die Länder werden ermächtigt, die vermögensrechtliche Auseinandersetzung mit den früher regierenden Fürstenhäusern, soweit sie noch nicht stattgefunden hat, durch Landesgesetz unter Ausschluß des Rechtsweges zu regeln.
>
> § 2. Wird durch ein Landesgesetz eine Enteignung ausgesprochen, so kann die Entschädigung ebenfalls durch Landesgesetz unter Ausschluß des Rechtsweges festgesetzt werden.
>
> § 3. Soweit bereits erlassene Landesgesetze eine Enteignung aussprechen, wird die Enteignung mit dem Inkrafttreten dieses Gesetzes wirksam. Die Entschädigung kann auch in diesen Fällen durch Landesgesetz unter Ausschluß des Rechtsweges festgesetzt werden.

Das Gutachten kommt zu dem Ergebnis, daß ein Reichsgesetz, welches einem dieser Anträge oder beiden Anträgen entspricht, mehrere positive Bestimmungen der Weimarer Verfassung verletzen würde. Diese Feststellung ist möglich, ohne daß die Frage nach der rechtlichen Natur der zahlreichen, verschiedenen in Betracht kommenden Vermögenskomplexe untersucht wird. Das Gutachten stellt sich also nicht die Aufgabe, das Problem der Auseinandersetzung zwischen Staat und Dynastie zu lösen. Es kommt vielmehr nur darauf an, zu zeigen, daß der in den genannten Anträgen bezeichnete Weg zu mehreren Verletzungen der Weimarer Verfassung führen würde.

Bonn, den 5. Januar 1926.

Prof. Dr. Carl Schmitt.

I. Der kommunistische Antrag.

Die sachliche Bedeutung des Antrags.

Der kommunistische Antrag verlangt ein Reichsgesetz, welches sowohl anhängige Rechtsstreitigkeiten als noch nicht eingeleitete Verfahren betrifft; jene sollen ausgesetzt, die Einleitung neuer Verfahren soll verboten werden.

Seinem Inhalt nach besagt dieser Antrag folgendes: Für schwebende gerichtliche Verfahren wird dem zuständigen Gericht der Befehl erteilt, den anhängigen Rechtsstreit nicht nach den Regeln des Gerichtsverfassungsgesetzes und der Prozeßordnung zu behandeln und nach Maßgabe des geltenden materiellen Rechts zu entscheiden, sondern auszusetzen; für künftige Prozesse wird ihnen befohlen, trotz sonst bestehender sachlicher und örtlicher Zuständigkeit, die Verhandlung und Entscheidung zu verweigern. Der Befehl betrifft mehrere individuell bestimmte einzelne Rechtsstreitigkeiten. Das Verbot oder der Befehl, der den richterlichen Behörden hier erteilt wird, soll die Form eines Reichsgesetzes erhalten. Es wird gleich zu untersuchen sein, ob dieser Form eine für die verfassungsrechtliche Beurteilung entscheidende Bedeutung zukommt. Zunächst muß festgestellt werden, was sich aus dem Inhalt des Antrags ohne weiteres ergibt, daß es sich hier in der Sache um einen den zuständigen richterlichen Behörden erteilten Befehl handelt, der bürgerliche Rechtsstreitigkeiten betrifft und den Gerichten verbietet, einzelne, individuell bestimmte Rechtsstreitigkeiten ordnungsgemäß nach den bestehenden gesetzlichen Bestimmungen zu erledigen. Den für die Entscheidung etwaiger Kompetenzkonflikte zuständigen Gerichtshöfen oder den bürgerlichen Gerichten, wenn sie nach § 17 GVG. für die Beurteilung zuständig sind, ob die Angelegenheit eine bürgerliche Rechtsstreitigkeit ist, soll diese Zuständigkeit ebenfalls für bestimmte Einzelfälle entzogen werden. Darin liegt in der Sache ein Eingriff in die Rechtspflege, der sich als eine Einzelanordnung, ein sogenannter „Spezialbefehl“ darstellt.

Derartige Spezialbefehle sind aus der Geschichte des Kampfes um den modernen Rechtsstaat wohl bekannt. Sie gehörten zur Praxis des Absolutismus und wurden mit einer Reihe von technischen Ausdrücken bezeichnet, die später, als der Respekt vor der Unabhängigkeit der Rechtspflege etwas Selbstverständliches geworden war, wieder in Vergessenheit gerieten: Inhibitorien, Avokatorien usw. Als allgemeiner Ausdruck hat sich die Bezeichnung „Machtspruch" eingebürgert. Auf der Praxis solcher Machtsprüche beruhte die Kabinettsjustiz. Das Wesentliche dieser Praxis liegt darin, daß in der Form einer Spezialanordnung die sonst geltende allgemeine Regelung der gerichtlichen Zuständigkeit für einen oder mehrere individuell bestimmte Fälle durchbrochen wird. Bei der Beseitigung der Kabinettsjustiz durch Friedrich den Großen wurde daher ausdrücklich befohlen, daß der Richter königliche „Spezialordnungen", welche der „Generalordnung" widersprechen, unbeachtet lassen müsse.

A. Stölzel, Brandenburgisch-preußische Rechtsverfassung, II. Band (1888) S. 188.

Seit langem entspricht es der Rechtsüberzeugung aller zivilisierten Völker, „daß jede Einmischung des Staatsoberhauptes oder einer fremden Behörde in die Art der Entscheidung, jede Hemmung des rechtskräftigen Urteils von solcher Seite ausgeschlossen ist, von den Gerichten nicht zu beachten und zurückzuweisen", daß die Justiz „freien, ungesperrten und stracken Lauf haben" muß und alles, was ihrer Unabhängigkeit „zuwider ausgeht, kraftlos, tot und ab sein solle". Der Souverän kann in verschiedener Weise in den geordneten Gang der Rechtspflege eingreifen: durch ausdrückliche Befehle, durch eigene Rechtsprechung, durch Verordnungen über die Art der Entscheidung; ferner dadurch, daß er die Sache den Gerichten entzieht und einer besonderen Kommission überweist oder schließlich dadurch, daß er den Gerichten die Verweigerung der Rechtshilfe anbefiehlt. Niemals dürfen die Gerichte solchen Anordnungen Folge leisten.

J. L. Klüber, Die Selbständigkeit des Richteramtes und die Unabhängigkeit seines Urteils im Rechtsprechen, Frankfurt 1832;
B. W. Pfeiffer, Die Selbständigkeit und Unabhängigkeit des Richteramtes, Göttingen 1851; Lauck in Bluntschlis Staatswörterbuch, I. Band S. 441; Bülow ebenda II S. 9.

Die hier genannte Literatur ist nicht etwa veraltet. Die weit zurückliegenden Jahreszahlen erklären sich daraus, daß die deutsche

Rechtswissenschaft in den letzten Jahrzehnten, aus einem gewissen Gefühl der Sicherheit heraus, keinen Anlaß zu haben glaubte, sich ausführlicher mit der Angelegenheit der „Spezialbefehle“ zu befassen. Es handelt sich auch nicht um eine Parteimeinung, wenn auch hauptsächlich die liberal oder demokratisch gesinnten Autoren als Vorkämpfer des modernen Rechtsstaates auftraten. Der Satz von der Unabhängigkeit der Rechtspflege ist vielmehr heute noch die Grundlage jeder rechtsstaatlichen Ordnung und in Artikel 102 und 105 der geltenden Reichsverfassung in allen seinen Folgen und Anwendungsmöglichkeiten als positives Recht enthalten.

Die genannten Artikel der Weimarer Verfassung äußern sich nicht mehr so ausführlich und detailliert, wie man es in den Zeiten des Kampfes gegen den Absolutismus für zweckmäßig hielt. Als Beispiel solcher näheren Ausführung des Satzes von der Unabhängigkeit der Rechtspflege mögen die §§ 113, 114 der Kurhessischen Verfassung vom 5. Januar 1831 angeführt werden:

> Niemand kann an der Betretung und Verfolgung des Rechtsweges vor den Landesgerichten gehindert werden.
>
> Die Beurteilung, ob eine Sache zum Gerichtsverfahren sich eigne, gebührt den Richtern nach Maßgabe der allgemeinen Rechtsgrundsätze und solcher Gesetze, welche mit Beistimmung der Landstände erlassen werden.
>
> Niemand darf seinem gesetzlichen Richter, sei es in bürgerlichen oder peinlichen Fällen, entzogen werden, es sei denn auf dem regelmäßigen Wege nach den Grundsätzen des bestehenden Rechts durch das zuständige Obergericht.
>
> Es dürfen demnach außerordentliche Kommissionen oder Gerichtshöfe, unter welcher Benennung es sei, nie eingeführt werden.

Die Verfassung der Frankfurter Nationalversammlung vom 28. März 1849 begnügt sich in ihrem § 175 mit den Sätzen:

> Die richterliche Gewalt wird selbständig von den Gerichten ausgeübt. Kabinetts- und Ministerialjustiz ist unstatthaft. Niemand darf seinem gegesetzlichen Richter entzogen werden. Ausnahmegerichte sollen nie stattfinden.

Die Weimarer Verfassung enthält die gleichen Grundsätze und verzichtet ebenfalls darauf, einzelne Beispiele in der Weise hervorzuheben, wie es die vorhin erwähnte Kurhessische Verfassung tut. Namentlich die besondere Erwähnung von Eingriffen in die bürgerliche Rechtspflege, wie sie aus fiskalischen Interessen vor einem Jahrhundert vorgekommen sind,

> Vgl. das ebenzitierte Werk von J. L. Klüber, S. 64, 168, das sich insbesondere gegen eine derartige Praxis richtet,

schien sich zu erübrigen; seit langem hat man sie nicht mehr für möglich gehalten und daher auch nicht mehr besonders hervorgehoben. Doch versteht es sich von selbst, daß das Verbot solcher Eingriffe in der bürgerlichen Rechtspflege ebenso positives Recht ist, wie auf dem Gebiet der Strafrechtspflege.

Der kommunistische Antrag bezweckt eine Entziehung des gesetzlichen Richters, also Verletzung des Artikels 105 RV.

1. Ein dem kommunistischen Antrag entsprechendes Gesetz würde zunächst gegen Artikel 105 RV. verstoßen. Nach dieser Verfassungsbestimmung sind Ausnahmegerichte unstatthaft und darf niemand seinem gesetzlichen Richter entzogen werden. Es ist allgemein anerkannt, daß die Entziehung des gesetzlichen Richters die allgemeine Bestimmung, die Einsetzung von Ausnahmegerichten nur ein Fall dieser Entziehung ist. Eine Anordnung für den Einzelfall, welche den gesetzlichen Richter beseitigt, verstößt also auch dann gegen Artikel 105, wenn keine neue Entscheidungsinstanz eingesetzt wird.

E. Kern, Ausnahmegerichte, Tübingen 1924, S. 13; Anschütz, Kommentar zur Reichsverfassung, 3. und 4. Auflage, 1925, S. 285.

Der Satz „Niemand darf seinem gesetzlichen Richter entzogen werden“, besagt, daß die ordnungsmäßige Zuständigkeit der Gerichte nicht für einen oder mehrere bestimmte Einzelfälle aufgehoben werden darf. Die Regelung der gerichtlichen Zuständigkeit erfolgt nach allgemeinen Gesetzen. Sonderregelungen sind möglich, müssen aber ebenfalls generellen Charakter haben und dürfen nicht individuell bestimmte Einzelfälle betreffen. Ein Gesetz, welches keinen anderen Zweck und Inhalt hätte als den, für einen oder mehrere Einzelfälle den gesetzlichen Richter zu beseitigen, wäre keine Bestimmung des gesetzlichen Richters. Das ist von der Rechtswissenschaft aller europäischen Länder, in denen es einen Kampf um den Rechtsstaat gegeben hat, jedesmal einstimmig anerkannt worden, sobald die Frage akut wurde.

So während des Kampfes gegen die Militärkommissionen unter Louis Philipp in Frankreich, und in den zahlreichen deutschen Einzelstaaten von 1830 bis 1848.

In Zeiten der Ruhe und der Rechtssicherheit werden derartige Konflikte schnell vergessen. Es bleibt aber natürlich bestehen, daß Gesetze, welche für Einzelfälle die allgemein geregelte Zuständigkeit durchbrechen, eine Entziehung des gesetzlichen Richters bedeutet. Wenn sie außerdem für die Einzelfälle andere Entscheidungsinstanzen bestimmen, so sind das eben Ausnahmegerichte. Das wird auch von Autoren anerkannt, die sonst die Neigung zeigen, den Gesetzgeber allmächtig zu machen und von Verfassungsschranken zu befreien, indem sie die Verfassung grundsätzlich als gewöhnliches Gesetz behandeln.

Anschütz a. a. O. S. 285: Das Verbot der Ausnahmegerichte gilt auch für den Reichsgesetzgeber; Ausnahmegerichte zum Unterschied von Sondergerichten sind solche, welche durch konkrete Anordnung für einen bestimmten einzelnen Fall eingesetzt werden, wobei es gleichgültig ist: 1. ob dieser Einzelfall bereits eingetreten ist oder noch bevorsteht, und 2. ob die das Ausnahmegericht einsetzende Anordnung von der Regierung oder vom Gesetzgeber ausgeht.

Zu den Normen, welche den gesetzlichen Richter bestimmen, gehören vor allem die Vorschriften des Gerichtsverfassungsgesetzes und des Prozeßrechtes, insbesondere auch solche, welche etwaige Kompetenzkonflikte regeln oder in bürgerlichen Rechtsstreitigkeiten dem Richter die Entscheidung darüber geben, ob eine bürgerliche Rechtsstreitigkeit vorliegt. (§ 17 GVG.) Eine Anordnung des Inhalts, daß für einen oder mehrere bestimmte Fälle der sonst zuständige Richter nicht zuständig sein soll, daß er anhängige Sachen nicht entscheiden, sondern aussetzen soll und individuell bestimmte neue Sachen nicht annehmen darf, bedeutet also eine Entziehung des gesetzlichen Richters und einen Verstoß gegen Artikel 105 RV. Eine solche Anordnung wäre das typische Beispiel eines „Spezialbefehls". Sie wäre auch dann verfassungswidrig, wenn sie in der Form eines Reichsgesetzes erging, weil Artikel 105 auch den Reichsgesetzgeber bindet. Ob sie in der Form eines verfassungsändernden Gesetzes nach Artikel 76 RV. zulässig wäre, ist hier nicht zu prüfen.

Verletzung des Artikel 102 RV.; Eingriff in die Unabhängigkeit der Gerichte.

2. Nach Artikel 102 RV. sind die Richter „unabhängig und nur dem Gesetz unterworfen". Die Bestimmung sagt das gleiche wie die noch eindrucksvollere Formulierung des Artikel 86 der Preußischen Verfassung von 1850: Die richterliche Gewalt wird durch unabhängige, keiner anderen Autorität als der des Gesetzes unterworfene Gerichte ausgeübt. Die Unabhängigkeit des Richters und seine Bindung an das Gesetz bedingen sich gegenseitig, d. h. nur weil er an das Gesetz gebunden ist, ist der Richter unabhängig

in dem Sinne, daß er von Befehlen und Anweisungen frei ist. In der Ausübung seiner richterlichen Tätigkeit soll der Richter keinen Vorgesetzten haben. Die Unabhängigkeit des Richters würde daher sofort illusorisch werden, wenn die Form des Gesetzes zu einem Einzelbefehl benutzt würde. Das ist der Fall, wenn eine oder mehrere einzelne, zur richterlichen Zuständigkeit gehörende Sachen aus der sonst geltenden gesetzlichen Regelung herausgenommen und in der Form eines Gesetzes entschieden oder wenigstens dem Richter entzogen werden. Gesetz ist allerdings normalerweise das, was der Reichstag in Form eines Gesetzes beschließt und was als solches verkündet wird, also ein Gesetz in formalem Sinne. Die deutsche Staatsrechtslehre der Vorkriegszeit hat die Gewohnheit angenommen, überall im Verfassungsrecht, wo von Gesetzen die Rede ist, der Einfachheit halber formelle Gesetze anzunehmen. Sie hat dadurch, in dem Gefühl einer absoluten Sicherheit und Stabilität, wie es für die Vorkriegszeit charakteristisch war, eine ganz elementare Erkenntnis außer acht gelassen, welche insbesondere den Liberalen des Jahres 1848 als etwas Selbstverständliches erschien und in der Tat zu den Grundbegriffen eines auf Gewaltenteilung beruhenden Verfassungsstaates gehört. Es ist eine einfache Wahrheit, daß ein Gesetz ein Minimum von Inhalt haben muß und nicht einfach eine individuelle Entscheidung sein darf. Sonst wäre eben der Gesetzgeber nicht mehr vom Richter unterschieden und der Gesetzgeber selbst Richter. Der Richter wäre entweder überflüssig oder nicht mehr unabhängig. Ein Befehl des Inhaltes, daß der Richter eine bestimmte Sache in bestimmter Weise entscheiden soll, oder eine bestimmte, zu seiner Zuständigkeit gehörende Sache nicht entscheiden soll, macht den Richter zum Untergebenen. Wenn etwa während eines schwebenden Ehescheidungsprozesses die Reichstagsmehrheit in der Form eines Gesetzes die Ehe für geschieden erklären würde, oder wenn in gleicher Weise vor Einleitung des Rechtsstreites ein derartiges „Gesetz“ erginge, so wäre hier die Form des Gesetzes für einen Spezialbefehl mißbraucht. Der Gesetzgeber soll eben nicht Prozesse entscheiden, sondern Gesetze geben, d. h. Rechtsregeln zur Entscheidung von Prozessen. Er ist Gesetzgeber nur solange, als er Gesetze gibt. *Der Richter ist dem Gesetz und nicht dem Gesetzgeber unterworfen.* Sonst wäre die gesetzgebende Körperschaft Vorgesetzte des Richters und der Richter ihr Untergebener. Artikel 102 RV. besagt aber, im Gegensatz dazu, daß der Richter nur dem Gesetz unterworfen sein soll. Wenn der Gesetzgeber auf den Richter einwirken will, so hat er Gesetze zu geben und nicht Einzelbefehle zu erteilen.

Eine gedankenlose Gleichstellung, die formalistisch behaupten wollte: Gesetz ist Gesetz (d. h. der Gesetzgeber kann tun was er will, es ist immer Gesetz, was er tut) würde denselben Absolutismus begründen wie der Satz: Der Wille des Fürsten ist der Wille des Fürsten. Nur wenn Einzelmaßnahmen und Spezialbefehle vom Gesetz unterschieden werden, kann die Unabhängigkeit der Rechtspflege bestehen. Artikel 102 setzt diese Unterscheidung von Gesetz und Machtspruch voraus. Ein dem kommunistischen Antrag entsprechendes Gesetz wäre nichts als eine Einzelmaßnahme und ein Spezialbefehl. Es würde also auch gegen Artikel 102 RV. verstoßen. Die Frage, ob etwa in der Form eines verfassungsändernden Gesetzes nach Artikel 76 RV. derartige Einzelmaßnahmen möglich wären, bleibt hier unerörtert. Ein einfaches Reichsgesetz solchen Inhaltes wäre jedenfalls verfassungswidrig.

Verletzung des Artikel 109 RV. (Gleichheit vor dem Gesetz).

3. Ein dem kommunistischen Antrag entsprechendes Gesetz würde als Einzelmaßnahme und Spezialbefehl auch den Grundsatz des Artikel 109 RV. verletzen, nach welchem alle Deutschen vor dem Gesetz gleich sind. Ich verweise hier auf die Erörterung des demokratischen Antrags unten unter II, 6.

Das Prüfungsrecht der Gerichte.

4. Aus der Unabhängigkeit der Richter folgt ein richterliches Prüfungsrecht, d. h. ein Recht des Richters, rechtswidrigen Befehlen, welche seine Unabhängigkeit verletzen, die Anerkennung zu versagen. Wie weit dieses Recht geht, insbesondere die Frage, ob der Richter Reichsgesetze auf ihre Übereinstimmung mit der Reichsverfassung prüfen darf, ist in den letzten Jahren besonders eingehend erörtert worden.

Vgl. das überaus vorsichtige und abwägende Referat von R. Thoma über das richterliche Prüfungsrecht, Archiv des öffentlichen Rechts, Band 43 S. 267 ff. (Vortrag am 14. Oktober 1922 vor der ersten Konferenz der deutschen Staatsrechtslehrer).

Ohne auf alle Gesichtspunkte dieser weiten und schwierigen Frage einzugehen, kann man doch folgendes als unmittelbaren, positiven

Inhalt des Artikel 102 RV. feststellen: Der Richter hat mindestens zu prüfen, ob nicht die Form des Gesetzes mißbraucht ist, um ihm Befehle zu erteilen, welche seine Unabhängigkeit aufheben sollen und daher nicht Gesetz im Sinne des Artikel 102, sondern Machtsprüche sind. Gegenüber jedem Absolutismus, der die Rechtsprechung vernichtet, und die verfassungsmäßige Gewaltenteilung beseitigt, hat der Richter dieses Prüfungsrecht.

Allerdings findet man auch heute noch — und zwar als Nachwirkung der allzu einfachen und summarischen Behandlung, welche diese Frage in den scheinbar sicheren Zeiten der Vorkriegsjurisprudenz erfuhr, — selbst bei hervorragenden Autoren eine starke Abneigung, auf das eigentliche Problem des richterlichen Prüfungsrechtes einzugehen. Nach Anschütz, Kommentar zur Reichsverfassung 1925, S. 279/80, darf und muß der Richter prüfen, ob das Gesetz ordnungsmäßig verkündet ist, ob es noch gilt und endlich ob es nicht etwa einer Norm höheren Ranges widerspricht, wobei er aber — das ist hier das Entscheidende — Bestimmungen der Reichsverfassung gegenüber einfachen Reichsgesetzen nicht als Normen höheren Ranges ansehen will, so daß der Richter die Verfassungsmäßigkeit von Gesetzen nicht prüfen dürfte. Aber Anschütz selbst erwähnt (S. 279), daß der Versuch, eine Art von parlamentarischer Kabinettsjustiz einzurichten, in der Weimarer Nationalversammlung nicht gelungen ist, vielmehr von der Reichsregierung, insbesondere von Prof. Preuß entschieden zurückgewiesen wurde. Wenn es aber, wie Anschütz offenbar annimmt, zum positiven Inhalt des Artikel 102 gehört, daß jede Art von Kabinettsjustiz, d. h. von Machtsprüchen, verboten ist, so wird man der Folgerung nicht entgehen können, dem Richter mindestens ein Prüfungsrecht hinsichtlich dieser Unterscheidung zu geben, d. h. ihn für berechtigt und verpflichtet zu halten, einem Gesetz, dessen Inhalt sich in einem Machtspruch und Einzelbefehl erschöpft, die Anwendung zu versagen. Die Auffassung von Anschütz enthält eine für die deutsche Vorkriegsjurisprudenz höchst charakteristische Verwechslung: aus der Herrschaft des Gesetzes hat man eine Herrschaft der Gesetzgeber gemacht, weil man den alten, rechtsstaatlichen und liberalen Gesetzesbegriff außer acht ließ;

Heute ist ein großer Umschwung in der Beurteilung der Frage des richterlichen Prüfungsrechtes eingetreten. Das findet seinen wichtigsten Ausdruck in dem Urteil des Reichsgerichts vom 4. November 1924 — V 641 1924 —. Die Entscheidungsgründe enthalten folgende Sätze:

Die Reichsverfassung hat in Artikel 102 den in § 1 GVG. aufgestellten Grundsatz angenommen, daß die Richter unabhängig und nur dem Gesetz unterworfen seien. Diese letztere Bestimmung schließt nicht aus, daß einem Reichsgesetz oder einzelnen seiner Bestimmungen vom Richter die Gültigkeit insoweit aberkannt werden kann, als sie mit anderen, vom Richter zu beachtenden Vorschriften, die ihnen vorgehen, im Widerspruche stehen. Das ist der Fall, wenn ein Gesetz einem in der Reichsverfassung aufgestellten Rechtssatze widerspricht und bei seinem Erlasse die durch Artikel 76 RV. für eine Verfassungsänderung vorgeschriebenen Erfordernisse nicht vorgelegen hat. Denn die Vorschriften der Reichsverfassung können nur durch ein ordnungsmäßig zustandegekommenes verfassungsänderndes Gesetz außer Kraft gesetzt werden. . . . Da die Reichsverfassung selbst keine Vorschrift enthält, nach der die Entscheidung über die Verfassungsmäßigkeit der Reichsgesetze den Gerichten entzogen und einer bestimmten anderen Stelle übertragen wäre, muß das Recht und die Pflicht des Richters, die Verfassungsmäßigkeit von Reichsgesetzen zu prüfen, anerkannt werden.

Nur um den Einwand zu entkräften, als handele es sich bei dieser Auffassung des richterlichen Prüfungsrechts um ein Zeichen der reaktionären Gesinnung, die heute in Deutschland verbreitet sei, mag darauf hingewiesen werden, daß auch in Frankreich ein Umschwung eingetreten ist. Das Recht des französischen Richters, Gesetze auf ihre Verfassungsmäßigkeit zu prüfen, wird von Hauriou, Jèze, Berthélemy und Duguit bejaht.

Vgl. die überaus interessanten Antworten berühmter französischer Lehrer des öffentlichen Rechts in Le Temps vom 15. November, 19. November, 3. Dezember und 9. Dezember 1925.

Insbesondere hat Duguit in der 1923 erschienenen zweiten Auflage seines Droit constitutionell (Band III S. 673) die in der ersten Auflage seines Werkes (1911) vertretene Ablehnung des Prüfungsrechts ausdrücklich zurückgenommen; er bejaht jetzt ebenfalls das Recht der französischen Gerichte, die Verfassungsmäßigkeit der Gesetze zu prüfen.

Hinweis auf den Unterschied von Gesetz und Maßnahme.

Der kommunistische Antrag bezweckt offenbar keine gesetzliche Regelung, sondern eine politische Maßnahme. Ich darf mir hier noch einen Hinweis erlauben, der nicht nur geschichtliche, sondern auch gegenwärtige und positiv-rechtliche Bedeutung hat. Der Abgeordnete Neubauer hat bei der ersten Beratung des demokratischen Entwurfs eines Gesetzes über die vermögensrechtliche

Auseinandersetzung mit den früher regierenden Fürstenhäusern und des kommunistischen Entwurfs eines Gesetzes über entschädigungslose Enteignung der früheren Fürstenhäuser in der 129. Sitzung des Reichstags am 2. Dezember 1925 eine Stelle aus der Rede Robespierres über die Hinrichtung Ludwigs XVI. zitiert (S. 4720 B der stenographischen Berichte). Er beruft sich hier gegenüber den bürgerlichen Parteien auf Robespierre als den Mann, „der an der Wiege der bourgeoisen Herrschaft stand". In der von dem Kommunisten zitierten Stelle sagt Robespierre bei der Beratung über die Hinrichtung des Königs: „Ihr seid nicht seine Richter, ihr seid, ihr dürft nichts anderes sein als Staatsmänner, als Vertreter der Nation. Ihr habt nicht ein Urteil für oder gegen einen Menschen abzugeben, sondern ihr müßt eine Maßnahme des öffentlichen Wohls ergreifen, einen Akt der nationalen Vorsicht vollbringen." Der Jakobiner hatte nämlich — was der Kommunist nicht zu bemerken scheint — Rechtsgefühl genug, um einen Richterspruch von einer Maßnahme zu unterscheiden und zu wissen, daß, was er beantragte, ein revolutionärer Akt war, der außerhalb der verfassungsmäßigen Rechtsordnung stand. Die jakobinische Regierung, die solche Maßnahmen ergriff, nannte sich ausdrücklich „Gouvernement revolutionaire", revolutionäre Regierung. Das hatte nicht den Sinn eines politischen Schlagwortes, sondern entsprang einer bewußten rechtlichen Unterscheidung. Die Verfassung war eben suspendiert und alles, was der Nationalkonvent dekretierte, sollte nicht Recht und Gesetz, sondern Ausfluß der souveränen Diktatur und Mittel des politischen Kampfes sein. Für die kommunistische Partei ist diese Unterscheidung eines verfassungslosen von einem verfassungsmäßigen Zustand nichts als ein bürgerliches Vorurteil. Die bürgerlichen Parteien aber, die über den kommunistischen Antrag zu beschließen haben, müssen sich bewußt sein, daß mit diesem Antrag ein Akt revolutionärer Gewalt und ein Verfassungsbruch beabsichtigt ist.

II. Der demokratische Antrag.

Inhalt der in dem demokratischen Gesetzentwurf ausgesprochenen „Ermächtigung".

1. Der Gesetzentwurf des demokratischen Antrags spricht in seinem § 1 von einer „Ermächtigung": Die Länder sollen ermächtigt werden, die vermögensrechtliche Auseinandersetzung mit den früher regierenden Fürstenhäusern durch Landesgesetz unter Ausschluß des Rechtsweges zu regeln. Für eine staatsrechtliche Beurteilung erhebt sich die Frage, wozu, genauer betrachtet, die Länder durch ein solches Reichsgesetz ermächtigt werden. Es versteht sich von selbst, daß die Ermächtigung nicht die vermögensrechtliche Auseinandersetzung betrifft. Denn die Vermögensangelegenheiten der Länder gehören zu ihren eigenen Angelegenheiten. Das Reich hat hier keinerlei Zuständigkeit, soweit nicht etwa Verfassungsstreitigkeiten im Sinne des Artikels 19 RV. vorliegen. Das Reich braucht die Länder nicht zu ermächtigen, sich mit ihren früher regierenden landesherrlichen Familien auseinanderzusetzen und ist nicht befugt, ihnen in dieser Hinsicht Vorschriften zu erteilen. Nach dem Wortlaut des demokratischen Gesetzentwurfs soll aber keine Vorschrift über die Auseinandersetzung erteilt, sondern nur eine „Ermächtigung" gegeben werden. Das kann nur bedeuten, daß die Länder Befugnisse erhalten sollen, die ihnen ohne dieses Reichsgesetz nicht zustehen würden. Diese Befugnisse können nach dem Inhalt des Entwurfs und nach Lage der Sache nur folgende sein: a) einseitige Vermögensentziehungen, also Eingriffe in das Privateigentum vorzunehmen, b) die Wirkungen rechtskräftiger Urteile zu beseitigen und c) Rechtsstreitigkeiten dem gesetzlichen Richter zu entziehen.

Mangelnde Zuständigkeit der Reichsgesetzgebung zu solcher „Ermächtigung".

2. Wenn das Reich den Ländern die rechtliche Möglichkeit geben will einseitig Vermögensrechte zu entziehen, so kann sich die Zuständigkeit des Reiches nicht etwa darauf stützen, daß nach Artikel 7 Nr. 12 RV. das Reich die Gesetzgebung über das Enteignungsrecht hat. Die Regelung der Gesetzgebungszuständigkeit des Reiches betrifft nur Gesetze und nicht beliebige Einzelmaßnahmen. Das Reich kann nach Artikel 7 Nr. 12 ein Reichsenteignungsgesetz erlassen. Die Bestimmung hat aber nicht den Sinn, daß durch Reichsgesetz beliebig in Einzelfällen, unter Durchbrechung anderer reichsgesetzlicher oder landesgesetzlicher Regelung, konkrete Vermögensentziehungen vorgenommen werden könnten. Das Reich wäre sonst in der Lage, im Wege eines einfachen Reichsgesetzes in jede Einzelheit der Landesverwaltung durch Einzelmaßnahmen einzugreifen. Es könnte z. B. nach Artikel 7 Nr. 16 auf Grund der Gesetzgebungszuständigkeit für den Bergbau, ohne ein Reichsberggesetz zu erlassen, im einzelnen Falle unter Durchbrechung des preußischen oder des bayrischen Bergrechts in Preußen oder Bayern das Bergwerkseigentum an einem bestimmten Bergwerk verleihen usw. Niemand wird eine solche Befugnis der Reichsgesetzgebung behaupten. Der Reichsgesetzgeber muß sich hier eben entschließen, entweder ein Gesetz zu erlassen, oder die Landesgesetzgebung zu respektieren. Eine Ausnahme gilt nach Artikel 12 Abs. 2 RV. für die Gegenstände des Artikels 7 Nr. 13 (Vergesellschaftung); hier hat das Reich die Befugnis, Einspruch zu erheben, ohne von seinem Gesetzgebungsrecht Gebrauch zu machen. Könnte das Reich unter Benutzung der Gesetzesform mit beliebigen Einzelmaßnahmen vorgehen, so wäre diese besondere Hervorhebung des Artikels 7 Nr. 13 überflüssig. Auch das ganze System der Reichsaufsicht, wie es in Artikel 15 RV. geregelt ist, wäre überflüssig und sinnlos und böte den Ländern nicht den geringsten Schutz, wenn der Reichsgesetzgeber durch Einzelmaßnahmen an jedem beliebigen Punkte eingreifen könnte.

Ein Reichsgesetz, welches keinen anderen Inhalt hat als eine konkrete Enteignung auszusprechen oder zu einer solchen zu ermächtigen, ist kein Enteignungsgesetz im Sinne der Zuständigkeitsregelung des Artikel 7. Daß die Länder die Befugnis, welche sie nach dem Text des Gesetzentwurfs erhalten sollen, durch

Landesgesetz ausüben, ändert selbstverständlich nicht das geringste an dieser Rechtslage.

Unzulässigkeit einer solchen „Ermächtigung" wegen Verletzung des Artikel 153.

3. Die Länder sollen ermächtigt werden durch Landesgesetz, also nicht auf dem regelmäßigen, in Enteignungsgesetzen geordneten Wege, sondern unter Durchbrechung dieses Weges, in das Privateigentum einzugreifen. Sowohl in der reichsgesetzlichen Ermächtigung wie in dem auf Grund dieser Ermächtigung ergehenden Landesgesetz handelt es sich um eine konkrete, nur für einige individuell bestimmte Tatbestände berechnete Maßnahme. Der Zweck der Ermächtigung besteht darin, daß sowohl die Bestimmungen zum Schutz des Privateigentums als auch der gesetzlich geordnete Rechtsschutz durchbrochen werden soll.

Artikel 153 gewährleistet das Eigentum. Es darf heute als anerkannte Ansicht gelten, daß Artikel 153 auch für den Reichsgesetzgeber Schranken enthält. Insbesondere liegt eine Schranke darin, daß eine Enteignung nur „zum Wohle der Allgemeinheit" vorgenommen werden kann. Eine Vermögensentziehung, die weiter keinen Zweck hätte als den der fiskalischen Bereicherung, würde ihren Zweck in sich selbst tragen und nicht „zum Wohle der Allgemeinheit" vorgenommen werden. Dasselbe gilt von rein politischen Maßnahmen.

Vgl. RGZ. Band 103 S. 202; Triepel, Goldbilanzenverordnung, 1924, S. 15 ff.; M. Wolff, Reichsverfassung und Eigentum, Tübingen 1923; Anschütz, Kommentar, 1925, S. 397.

Diese Schranke des Reichsgesetzgebungsrechts ergibt sich aus einer von den genannten Rechtsgelehrten dargelegten Auslegung des Artikel 153, die hier nicht wiederholt zu werden braucht. Ich möchte nur noch auf folgenden verfassungsrechtlichen Gesichtspunkt hinweisen:

Artikel 153 spricht davon, daß eine Enteignung „nur auf gesetzlicher Grundlage" vorgenommen werden kann. Die Vermögensentziehungen, zu welchen die Länder ermächtigt werden sollen, sind Enteignungen im Sinne des Artikel 153, weil durch Artikel 153 jeder Eingriff in das Privateigentum an die in dieser Verfassungsbestimmung enthaltenen Schranken gebunden werden soll. Wenn nun gesagt ist, daß eine Enteignung „nur auf gesetzlicher Grundlage“ vorgenommen werden kann, so bedeutet dies: der das konkrete Eigentum treffende, einzelne Eingriff setzt ein Gesetz voraus. Eine Enteignung in dem weiten Sinne des Artikel 153 darf mit anderen Worten nur ein Akt der Gesetzesanwendung sein. Der Unterschied von Gesetz und Gesetzesanwendung ist nicht etwa juristische Haarspalterei, sondern ein elementarer Grundbegriff sowohl der Lehre von der Gewaltenteilung als des modernen, rechtsstaatlichen Denkens; er gehört infolgedessen auch zum positiven Inhalt der Weimarer Verfassung. Der rechtsstaatliche Schutz des Privateigentums soll also nach Artikel 153 darin bestehen, daß eine allgemeine Regelung des Enteignungsrechts erfolgt, unter Aufstellung der Normen für die Voraussetzung und für das Verfahren der Enteignung. Nur eine unter Beachtung und Anwendung dieser Normen erfolgende Enteignung ist eine Enteignung auf gesetzlicher Grundlage. Ein Gesetz, welches weiter nichts enthält als einen konkreten Enteignungsakt oder die konkrete Ermächtigung zu einem solchen, ist nicht „gesetzliche Grundlage“ im Sinne des Artikel 153, ebensowenig wie es ein Enteignungsgesetz im Sinne der Zuständigkeitsregelung wie es im Artikel 7 Nr. 12 ist. Ein solches Gesetz ist eben die konkrete Enteignung und weiter nichts; es verbindet den Erlaß eines Gesetzes mit dem Akt der Gesetzesanwendung, eine Verbindung, welche durch die Wendung „auf gesetzlicher Grundlage“ ausgeschlossen ist. Ob in der Form eines verfassungsändernden Gesetzes nach Artikel 76 RV. konkrete Enteignungsakte unter Durchbrechung der gesetzlichen Regelung ergehen können, kann hier dahingestellt bleiben. Ein einfaches Reichsgesetz genügt jedenfalls nicht und wäre ein Mißbrauch der Gesetzesform für einen Akt, von welchem die Verfassung bestimmt, daß er Gesetzes*anwendung* sein soll.

Unzulässigkeit einer „Ermächtigung“ zur Vornahme von Enteignungen als Einzelmaßnahme.

4. Selbst wenn man aber annehmen wollte, der Reichsgesetzgeber könnte im Wege der einfachen Gesetzgebung beliebig konkrete Einzelenteignungen aussprechen, so würde er diese Möglichkeit selber ausüben müssen. Wer befugt ist, Maßnahmen zu ergreifen, hat nicht das Recht, deshalb irgendeinen anderen zu Maßnahmen zu ermächtigen. Er muß entweder die Maßnahme selber vornehmen, oder vorausgesetzt, daß ihm ein Anweisungsrecht zusteht, den anderen anweisen. Im vorliegenden Falle müßte also der Reichs-

gesetzgeber selber enteignen. Eine „Ermächtigung“ zur Enteignung wäre unzulässig.

Eingriff in die Unabhängigkeit der Richter und Entziehung des gesetzlichen Richters (Verletzung von Artikel 102 und 104 RV.).

5. Durch die Regelung des demokratischen Entwurfs wird der Rechtsweg ausgeschlossen. Das bedeutet nur scheinbar eine Anwendung des Artikel 153 Abs. 2 Satz 2. Der Reichsgesetzgeber kann allerdings nach Artikel 153 Abs. 2 Satz 2 in Enteignungsgesetzen bestimmen, daß eine angemessene Entschädigung nicht gewährt zu werden braucht. Nach Satz 3 kann er in Enteignungsgesetzen den Rechtsweg bei den ordentlichen Gerichten ausschließen. Dadurch aber, daß es sich hier um Enteignungsakte und nicht um Anwendung von Enteignungsgesetzen handelt, ändert sich der ganze Charakter seiner Anordnungen. Es liegt ein Einzelbefehl an den Richter vor, dem verboten wird, trotz sonst bestehender Zuständigkeit, sich mit einer individuell bestimmten Sache zu befassen; es liegt ferner für individuell bestimmte Fälle eine Entziehung des gesetzlichen Richters vor. Demnach gilt hier das gleiche, was zu dem kommunistischen Antrag oben unter I, 1 und 2 ausgeführt wurde. Es darf aber noch folgendes hinzugefügt werden, was auf eine kommunistische Partei allerdings kaum Eindruck machen würde:

Erstens ist es von allen bürgerlichen Parteien stets als eine besondere Verletzung rechtsstaatlicher Prinzipien empfunden worden, wenn die Korrektur oder die Beseitigung eines richterlichen Urteils oder des Rechtsweges in einem Falle vorgenommen wurde, in welchem der Fiskus Prozeßpartei war.

Das Buch von J. L. Klüber, Die Selbständigkeit des Richteramts, Frankfurt 1832, beschäftigt sich gerade mit solchen Fällen. Schon im 18. Jahrhundert hatte Unabhängigkeit der bürgerlichen Rechtspflege allgemeine Anerkennung gefunden; Max Springer, Die Coccejische Justizreform, München und Leipzig 1914, S. 324/5.

Und zweitens würde ein dem demokratischen Antrag entsprechendes Gesetz rechtskräftige richterliche Urteile kassieren. Das ist dem bürgerlichen rechtsstaatlichen Empfinden immer als etwas besonders Ungeheuerliches erschienen. Ein Buch, das für den liberalen Kampf um den Rechtsstaat im 19. Jahrhundert charakteristisch ist, sagt hierüber wörtlich:

„Die äußerste Grenze aber erreichen dergleichen Eingriffe (nämlich in die richterliche Unabhängigkeit), wenn von den Gerichten in gesetzlicher Weise ausgesprochene Erkenntnisse durch eine oberherrliche Verfügung für unwirksam erklärt, sogar rechtskräftige Erkenntnisse niedergeschlagen oder kassiert werden." So W. B. Pfeiffer, Die Selbständigkeit und Unabhängigkeit des Richteramtes, Göttingen 1851, S. 255.

Es fügt hinzu, daß gerade solche Beseitigungen richterlicher Erkenntnisse dazu führten, daß Herzog Carl zu Braunschweig, der 1830 rechtskräftige richterliche Urteile durch „Spezialbefehle" beseitigte, wegen geistiger Gebrechen von der Regierung entfernt werden sollte!

Der demokratische Entwurf verletzt Artikel 109 RV. (Grundsatz der Gleichheit vor dem Gesetz).

6. Der Gesetzentwurf des demokratischen Antrags will absichtlich bestimmte einzelne deutsche Staatsbürger, nämlich die Mitglieder früher regierender Familien treffen. Es soll also ein Ausnahmegesetz erlassen und der Grundsatz der Gleichheit des Gesetzes verletzt werden. Für eine positiv-rechtliche Untersuchung handelt es sich darum, ob darin auch eine Verletzung des Artikel 109 enthalten ist: „Alle Deutschen sind vor dem Gesetze gleich".

Auf die prinzipielle moralische und politische Frage der Zulässigkeit von Ausnahmegesetzen ist hier nicht einzugehen. Hierüber findet man in den Verhandlungen des früheren deutschen Reichstags zu den Jesuiten- und Kulturkampfgesetzen, beim Sozialistengesetz und den polnischen Ansiedlungsgesetzen genügend interessantes Material. Für eine positiv-rechtliche Betrachtung der Weimarer Verfassung erhebt sich die Frage, wie weit Ausnahmegesetze dem eben erwähnten Satz des Artikel 109 RV. widersprechen und wieweit dieser Satz eine verfassungsmäßige Schranke für den Reichsgesetzgeber bedeutet. In den letzten Jahren ist auch in Deutschland die Ansicht vertreten worden, die in Ländern, welche dem demokratischen Verfassungsideal am meisten entsprechen, nämlich in den Vereinigten Staaten von Amerika und in der Schweiz längst anerkannt ist: daß die Gleichheit vor dem Gesetz auch den Gesetzgeber bindet und ihm verbietet, ungerechte und willkürliche, gegen individuell bestimmte Personen gerichtete Einzelgesetze zu erlassen.

Triepel, Goldbilanzenverordnung und Vorzugsaktien, 1924, S. 26 ff.; G. Leibholz, Die Gleichheit vor dem Gesetz, 1925, besonders S. 95,

99; H. Aldag, Die Gleichheit vor dem Gesetz in der Reichsverfassung, Berlin 1925, S. 51 ff.; vgl. auch die früher erwähnte Entscheidung des Reichsgerichts vom 4. November 1925 — V 641 —, 1924, abgedruckt in: Die Rechtsprechung in Aufwertungssachen, 1. Jahrgang Nr. 1, 1925.

Aus dieser Literatur ergibt sich jedenfalls, daß auch hier ein Umschwung eingetreten ist und die schablonenhafte Einfachheit, mit welcher derartige Fragen vor dem Kriege beantwortet wurden, einer besseren Erkenntnis rechtsstaatlicher Prinzipien gewichen ist. Doch hält ein Rechtsgelehrter von besonderer Bedeutung, G. Anschütz, auch in der neuesten Auflage seines Kommentars zur Reichsverfassung (S. 307) daran fest, daß die Gleicheit vor dem Gesetz nach Artikel 109 RV. nur für die Gesetzesanwendung, also für Richter und Verwaltung, nicht aber für den Gesetzgeber bindend ist.

Anschütz beruft sich darauf, daß bisher, d. h. in der Vorkriegszeit, deutsche Verfassungsbestimmungen über die Gleichheit vor dem Gesetz die von ihm vertretene Auslegung gefunden haben, und daß kein Grund vorliege, von dieser Überlieferung abzuweichen. Er hebt dabei hervor, daß die Bestimmung des Artikels 109 „altliberales Gemeingut" sei. In Wahrheit entspricht es gerade der alten liberalen Auffassung, den Gesetzgeber an sein eigenes Gesetz zu binden und ihm Durchbrechungen, Ausnahmen und Einzelmaßnahmen unmöglich zu machen. Das ist die notwendige Konsequenz der Lehre von der Gewaltenteilung und der strengen Unterscheidung von Gesetz und Gesetzesanwendung. Alter liberaler Auffassung entspricht es infolgedessen ferner, nicht jede beliebige Einzelmaßnahme als Gesetz zu bezeichnen, sondern nur Rechtsregeln, also generelle Normen im Gegensatz zu Einzelmaßnahmen.

Vgl. statt vieler: Rönne, Preußisches Staatsrecht, 1. Auflage, Leipzig 1856, I. Band S. 141 („Das Gesetz ist eine allgemeine Regel"); Robert von Mohl, Das deutsche Reichsstaatsrecht, 1873, S. 165. Über den Gegensatz von Maßnahme und Rechtsnorm, ferner die Referate von E. Jacobi und Carl Schmitt auf der zweiten Tagung der Vereinigung Deutscher Staatsrechtslehrer, 1924; Veröffentlichungen dieser Vereinigung, Band 1 S. 97 ff., 109. Dazu die jener Unterscheidung von Maßnahme und Rechtsnorm durchaus zustimmende Äußerung von Hugo Preuß, Deutsche Juristenzeitung 1924, Sp. 653, und H. Triepel, Verhandlungen des 33. deutschen Juristentages, Berlin 1925.

Eine der wichtigsten verfassungsrechtlichen Darstellungen der letzten Jahre, das Verfassungsrecht von Duguit, baut sich auf dem

Gedanken auf, daß nur eine generelle Norm, nicht aber eine Einzelmaßnahme Gesetz in verfassungsrechtlichem und rechtstaatlichem Sinne ist. Das Gesetz muß nach ihm generellen Charakter haben, es darf nicht bloß individuelle Entscheidung sein, welche im Hinblick auf einen bestimmten Sachverhalt ergeht; ein Gesetz, welches nur eine derartige individuelle Entscheidung enthielte, wäre „sans valeur juridique".

L. Duguit, Droit constitutionnel, 1922/23, I S. 151 ff., III S. 681 usw.

Die Befugnis, sich in einem individuellen Fall über die eigenen Gesetze hinwegzusetzen, gilt gerade als Kriterium eines „gouvernement arbitraire", im Gegensatz zu einem „gouvernement légal". Der Staat kann alles tun, aber nur durch generelle Anordnung, also durch Gesetz, nicht durch individuelle Anweisungen. Tyrann ist der, der individuelle Entscheidungen außerhalb der Gesetze trifft. Auf die große praktische Bedeutung dieser Theorie habe ich in einem Gutachten über die Befugnisse der Regierungskommission des Saargebietes hingewiesen.

Vgl. Niemeyers Zeitschrift für internationales Recht, Band 34, 1925, S. 415 ff.

Die umfangreiche und schwierige Frage der „Gleichheit vor dem Gesetz" braucht hier nicht in allen Einzelheiten erledigt zu werden. Es genügt die Feststellung, daß der Grundsatz der Gleichheit vor dem Gesetz mindestens die positiv-rechtliche Bedeutung hat, daß er Gesetze verbietet, welche weiter nichts enthalten als konkrete, gegen individuell bestimmte Personen gerichtete Einzelentscheidungen. Der Grundsatz verlöre jeden Inhalt, auch den, welchen Anschütz ihm lassen will, wenn Gesetze ergehen dürften, die weiter keinen Inhalt hätten, als konkrete Einzelbefehle zu sein. Denn für die Rechtsanwendung — Richter und Verwaltung —, der solche Einzelbefehle erteilt werden, gibt es dann keine Gleichheit vor dem Gesetze mehr. Die Gleichheit setzt für die Rechtsanwendung logischerweise eine Mehrheit voraus. Wo nur ein Einzelner oder mehrere Einzelne getroffen werden sollen, kann man nicht mehr von Gleichheit sprechen. Der Satz: „Alle Deutschen sind vor dem Gesetze gleich" soll nicht bloß einfach besagen: „Alle Gesetze müssen befolgt werden" oder „Alle Deutschen sind dem Gesetz unterworfen". Er hat vielmehr den besonderen Inhalt: alle Deutschen sind *in gleicher Weise* dem Gesetz unterworfen. Daraus folgt, daß das Gesetz in sich so beschaffen sein muß, daß seinem Inhalte nach wenigstens eine Gleichheit vor ihm möglich ist. Erschöpft sich das Gesetz in einem konkreten Einzelbefehl, so ist es nur eine Maßnahme und kein Gesetz im Sinne des Grundsatzes der Gleichheit vor dem Gesetz. Gleichheit vor einer Maßnahme ist logisch undenkbar.

Hier zeigt sich, daß die Gleichheit vor dem Gesetz in der Tat die eigentliche Grundlage des Rechtsstaates und die wirksamste Garantie gegen jeden Despotismus bedeutet. Ohne diese Gleichheit könnte die Gesetzesform zu jeder Ungerechtigkeit mißbraucht werden und würden alle verfassungsmäßigen Einrichtungen und Zuständigkeitsregelungen sich in Nichts auflösen. Der Gesetzgeber könnte in der Form eines einfachen Gesetzes irgendeine Ehescheidung aussprechen, irgendeine bestimmte Zeitung beschlagnahmen, einen einzelnen Verein auflösen, bestimmte mißliebige Personen verhaften und ohne richterliches Urteil töten lassen, Begnadigungen aussprechen usw., so daß man wirklich dem Zustand nahekäme, den ein englischer Vorkämpfer gegen den Mißbrauch der Gesetzesformen, Twysden, so beschrieben hat: Niemand ist seines Lebens und seiner Rechte sicher, der nicht die jeweilige Parlamentsmehrheit auf seiner Seite hat.

Vgl. E. Kaufmann, Staatsgerichtshof und Untersuchungsausschuß, 1925, S. 25.

Einzelmaßnahmen, welche die Verfassung durchbrechen, sind während des Ausnahmezustandes möglich, aber nicht als Gesetz. Die rechtsstaatliche Entwicklung hat gerade deshalb den Ausnahmezustand als ein besonderes Rechtsinstitut entwickelt. Solange dieser Zustand nicht eingetreten ist, gilt eben die Zuständigkeitsabgrenzung der Verfassung, die wesentlich auf den Unterschied von Gesetz und Einzelmaßnahme beruht.

Kein Minderheitenschutz ohne Gleichheit des Gesetzes.

Ich möchte diesen Erwägungen über die praktische Bedeutung des Grundsatzes von der Gleichheit vor dem Gesetz noch folgenden Hinweis hinzufügen: In der völkerrechtlichen Frage der Behandlung deutscher Minderheiten hat die deutsche Regierung immer den Standpunkt vertreten, daß der Grundsatz der Gleichheit vor dem Gesetz den Gesetzgeber bindet. Die Gleichheit vor dem Gesetz ist in allen wichtigen Minderheitsschutzverträgen als Grundlage dieses Schutzes enthalten. Sie findet sich insbesondere in den Artikeln 7 und 8 des polnischen Minderheitenschutzvertrages. Würde diese Gleichheit nicht irgendwie auch den Gesetzgeber einschränken, so wäre es rechtmäßig, wenn der polnische Staat durch Einzelmaßnahmen, welche nur die äußere Form der Gesetzgebung zu wahren brauchten, jede beliebige Ungerechtigkeit gegen deutschstämmige Staatsangehörige beginge und alle rechtlichen Einwände gegen diese Ungerechtigkeiten wären hinfällig. Die deutsche Regierung hat immer daran festgehalten, daß jede Rechtsnorm unter dem Gesichtspunkt der Gleichheit vor dem Gesetz, der Prüfung unterliegt, „ob sie in unzulässiger Weise differenziert, ob sie in unzulässigerweise anerkannt rechtsstaatliche Garantien vermissen läßt".

Denkschrift der deutschen Regierung zu den dem ständigen internationalen Gerichtshof zur Begutachtung vorgelegten Fragen, betreffend die deutschen Ansiedler und Pächter in Polen, Berlin 1923, S. 25/26.

Es wäre nicht nur rechtlich falsch, sondern auch eines großen, auf Recht und Verfassung beruhenden Staates unwürdig, wollte er hier eine doppelte Stellung einnehmen und innerhalb seiner Grenzen seinen Staatsbürgern das verweigern, was er von einem fremden Staat an Respekt vor dem Recht verlangt.

Ein Gesetz, welches dem demokratischen Antrag entspräche, würde den Grundsatz der Gleichheit vor dem Gesetz und damit Artikel 109 RV. verletzen.

* * *

Grundsätzliche Bedeutung der begutachteten Anträge für die Geltung der Weimarer Verfassung.

Das vorstehende Gutachten kommt zu dem Ergebnis, daß ein dem kommunistischen Antrag entsprechendes Gesetz gegen Artikel 102 und 105, mittelbar auch gegen Artikel 109 RV., verstoßen würde; ein dem demokratischen Antrag entsprechendes Gesetz würde die Artikel 102, 105, 109 und 153 verletzen. Das Gutachten geht ausschließlich nach positiv-rechtlichen Gesichtspunkten der Weimarer Verfassung vor und behandelt also den Gegenstand als eine Rechtsfrage, unter Vermeidung jeder politischen Diskussion. Mit Rücksicht darauf, daß die Redner der Demokratischen Partei in den Reichstagssitzungen vom 2. und

3. Dezember 1925 wiederholt betont haben, es handele sich nicht um eine Rechtsfrage, sondern um eine politische Angelegenheit, darf noch folgendes bemerkt werden:

1. Dadurch, daß eine Frage von politischem Interesse ist, hört sie nicht auf, eine Rechtsfrage zu sein. Am wenigsten dürfen verfassungsrechtliche Fragen unter Berufung auf politische Gesichtspunkte beiseite geworfen werden, sonst besteht eben kein Rechtsstaat. Es ist gerade der Zweck der Verfassung, die Berufung auf politische Interessen zu beschränken.

2. Fragen der Vermögensauseinandersetzung mit früher regierenden Fürstenhäusern sind sicher nicht ausschließlich und sämtlich Privatrechtsfragen. Daraus folgt aber nicht, daß man das Recht hätte, die Verfassung zu verletzen, insbesondere die Unabhängigkeit der Richter und die Gewährleistung des Privateigentums zu durchbrechen.

3. In zahlreichen Äußerungen über die Frage der Vermögensauseinandersetzung mit früher regierenden Fürstenhäusern wird die Frage als eine politische bezeichnet mit der Begründung, daß sie keine privatrechtliche sei. Man scheint also öffentliches Recht und Politik für dasselbe zu halten.

Vgl. z. B. die Äußerung des Abgeordneten Dietrich (Reichstagssitzung vom 2. Dezember 1925, Berichte S. 4717): „Wir sind nämlich der Meinung, daß es sich hier überhaupt nicht um zivilrechtliche Fragen, sondern lediglich um politische Fragen handelt." (Sehr gut! bei den Demokraten und links.) Ferner Brodauf in der Sitzung vom 3. Dezember 1925, der allerdings sagt: „Wir müssen als Gesetzgeber dafür sorgen, daß derartige Fragen von öffentlich-rechtlichen Gesichtspunkten aus geregelt werden," dann aber fortfährt, daß es Dinge gibt, „bei denen man mit rein formal-rechtlicher Behandlung nicht weiterkommt", womit offenbar auch die öffentlich-rechtlichen, d. h. vor allem verfassungsrechtlichen Rücksichten beiseite gesetzt werden sollen. (Berichte S. 4758.) Schücking spricht von einem „staatsrechtlichen Problem" und behauptet, der Gesetzgeber müsse einschreiten, weil der Staat die Prozesse zu Unrecht verloren habe (S. 4761) — ein Bekenntnis zur Praxis der Machtsprüche, wie es im Munde eines bürgerlichen Politikers und Rechtsgelehrten seit vielen Generationen nicht mehr vorgekommen sein dürfte.

Was in den verschiedenen Vermögenskomplexen privatrechtlich oder öffentlich-rechtlich ist, wird man allerdings oft sehr schwierig feststellen können. Das ist aber kein Grund, den allgemeinen Anspruch auf Zugang zu den Gerichten, also das Recht auf den gesetzlichen Richter, und das Privateigentum, soweit es besteht und sogar durch rechtskräftiges Urteil anerkannt ist, des verfassungsrechtlichen Schutzes zu berauben.

4. Gerade bürgerliche Demokraten haben bisher stets die Idee des Rechts gegenüber Macht und Politik vertreten. Sie haben sogar in außenpolitischen Fragen, wo das Politische mit unmittelbarer Stärke zutage tritt, eine rechts- und justizförmige Erledigung aller Streitigkeiten gefordert und den Vorrang des Rechts vor der Politik betont. Sie dürfen daher verfassungsrechtliche Einwendungen gegen ihren Antrag nicht einfach mit der Unterscheidung von Recht und Politik erledigen. Für die kommunistische Partei, die Rechtsstaat und Verfassung für lächerliche Bürgerlichkeiten hält, trifft dieser Gesichtspunkt natürlich nicht zu.

5. Daß der Hinweis auf politische Gründe keine Verletzung von Grundrechten rechtfertigen darf, hat im Jahre 1909 in einer Reichstagsrede zu den polnischen Ansiedlungsgesetzen der Zentrumsabgeordnete Graf Praschma besonders treffend ausgeführt.

Stenographische Berichte, 12. Legislaturperiode, 1. Session, Bd. 235 S. 7114.

Auch wer den Standpunkt der moraltheologischen Prinzipien, die Graf Praschma als bindend anerkennt, nicht teilt, wird wenigstens vom rechtsstaatlichen Gesichtspunkt aus seine Gründe billigen müssen. Solche politischen Rechtfertigungen sind in Fragen des Rechtsschutzes und des Eigentums besonders gefährlich, weil sowohl die herrschenden Mehrheiten als auch ihre politischen Erwägungen schnell wechseln, was auch Graf Praschma betont hat.

6. Das vorliegende Gutachten beruht auf einer einzigen Voraussetzung: es nimmt die Weimarer Verfassung juristisch und politisch ernst. Wer verlangt, daß die Verfassung respektiert werden soll, kann nicht einfach zu politischen Maßnahmen greifen, wenn ihm ein Richterspruch unzweckmäßig oder unbillig erscheint. Wenn der absolute Fürst Kabinettsjustiz ausübte und Machtsprüche erließ, so behauptete er natürlich auch, daß die Entscheidung des gesetzlichen Richters ungerecht sei; aber er verhinderte oder änderte richterliche Entscheidungen als absoluter Fürst; er erhob nicht den Anspruch, Demokrat zu sein und die Idee des Rechtsstaates zu verwirklichen, und führte gerade dadurch die bürgerliche Revolution herbei. Wenn die Jakobiner in Leben, Freiheit und Eigentum ihrer politischen Gegner eingriffen, so taten sie das ausdrücklich als „revolutionäre Regierung", sie suspendierten

vorher ausdrücklich die Verfassung; sie stellten ihre politischen Gegner ausdrücklich außerhalb der Verfassung, außerhalb des Gesetzes, „hors la loi"; sie sprachen ausdrücklich von Maßnahmen zum Unterschied von Recht, Gesetz und Richterspruch. Das Deutsche Reich ist heute wieder ein Verfassungsstaat. Was vorher, etwa im November 1918, als revolutionäre Maßnahme möglich war, kommt jetzt rechtlich nicht mehr in Betracht. Solange die Verfassung besteht, darf keine Verfassungspartei revolutionäre Maßnahmen, gleichgültig in welcher Form, treffen. Prinzipiell revolutionäre Parteien können natürlich, ohne sich selbst zu widersprechen, solche Maßnahmen fordern; sie haben sogar ein politisches Interesse daran, weil sie ihre verfassungsauflösende Konsequenz kennen. Parteien dagegen, welche die Weimarer Verfassung ernst nehmen, sind auch politisch gebunden und widersprechen sich selbst, wenn sie heute das nachholen wollen, was sie vor dem Inkrafttreten der Verfassung versäumt zu haben glauben. Heute herrscht nicht mehr der Revolutionszustand der Monate November 1918 bis Februar 1919; es besteht auch nicht mehr die souveräne Diktatur einer Verfassunggebenden Nationalversammlung. Seit fast sieben Jahren gilt in Deutschland die Weimarer Verfassung:

Buchdruckerei
Otto Walter / Berlin S 14
Kommandantenstr. 44 a

FSC
www.fsc.org
MIX
Papier | Fördert gute Waldnutzung
FSC® C083411

Kolibri 360 GmbH
Ferdinand-Jühlke-Straße 7
99095 Erfurt, Deutschland
produktsicherheit@kolibri360.de